气象知识极简书　陈云峰　主编

台风

刘波　王晓凡　李陶陶　编著

气象出版社
China Meteorological Press

图书在版编目（CIP）数据

台风 / 刘波，王晓凡，李陶陶编著. -- 北京：气象出版社，2019.1（2022.3重印）

（气象知识极简书 / 陈云峰主编）

ISBN 978-7-5029-6220-3

Ⅰ.①台… Ⅱ.①刘… ②王… ③李… Ⅲ.①台风 - 普及读物 Ⅳ.①P444-49

中国版本图书馆CIP数据核字（2018）第200113号

Taifeng
台风

出版发行：	气象出版社
地　　址：	北京市海淀区中关村南大街46号　　邮政编码：100081
电　　话：	010-68407112（总编室）　010-68408042（发行部）
网　　址：	http://www.qxcbs.com　　E - mail：qxcbs@cma.gcv.cn
责任编辑：	颜娇珑　　终　　审：张　斌
责任校对：	王丽梅　　责任技编：赵相宁
封面设计：	符　赋　　审 图 号：GS（2018）6141号
印　　刷：	北京地大彩印有限公司
开　　本：	710mm×1000 mm　1/16　　印　　张：2.25
字　　数：	23千字
版　　次：	2019年1月第1版　　印　　次：2022年3月第2次印刷
定　　价：	10.00元

本书如存在文字不清、漏印以及缺页、倒页、脱页等，请与本社发行部联系调换

《气象知识极简书》丛书
编委会

主　　编：陈云峰

副主编：刘　波　　任　珂　　黄凯安

编　　委：汪应琼　　王海波　　王晓凡
　　　　　周　煜　　康雯瑛　　李　新
　　　　　李　晨　　翟劲松　　李陶陶
　　　　　陈　琳　　徐嫩羽　　王　省
　　　　　李　平

美　　编：李　晨　　李梁威　　翟劲松
　　　　　杨佑保　　赵　果

前 言

  变幻莫测的气象风云，每时每刻都影响着生活在地球上的生命，特别是很多常见的天气现象：高温热浪、暴雨（雪）、台风、寒潮、雷电、沙尘暴……它们的出现往往会给人类带来无穷的烦扰。在人类久远的历史长河中，它们是一股"神秘力量"，令古人见之生畏；而在科学如此发达的今天，虽然关于它们还有很多未知领域需要探究，但面对各类天气我们已经不再惧怕：它们的出现有迹可循，它们的类型有据可辨，它们并非一无是处，它们变得可以被防范、被利用。

  《气象知识极简书》就是这样一套认识天气的入门级丛书，共8册。内容包括暴雨洪涝、台风、雷电、大风、沙尘暴、高温与干旱、暴雪、寒潮与霜冻共10种与我们生产、生活息息相关的天气类型。采取问答形式，设问有趣活泼，回答简短精干，配以生动的漫画解读读者感兴趣的基础性问题。针对每一种天气类型，不仅仅回答是什么、为什么、面对危险怎么办，还包括我们如何监测天气、如何利用天气等，在阐明气象知识的同时，尽量增加可读性、趣味性。

作为一套入门级气象科普丛书，它受众面较广，既适合作为中小学生的读物，也适合广大对气象科学抱有兴趣的成年读者。

以易懂的方式普及气象知识，以轻松的心态提升科学素养。开卷有益，气象万千！

编　者

目 录

前言

什么是台风? ... 1

台风和飓风是一回事儿吗? ... 4

台风是怎么形成的? ... 5

怎样监测台风? ... 6

台风到底长什么样? ... 8

台风是如何抵达我国的? ... 10

什么是台风登陆点? ... 12

谁给台风起的名字? ... 14

全球哪里台风最多? ... 16

台风的危害有哪些? ... 18

达到什么标准会发布台风预警? ... 20

台风天如何防护? ... 22

台风有哪些好处? ... 24

什么是台风?

台风是热带气旋的一个级别。热带气旋是发生在热带或副热带洋面上的气旋环流。我国把在西北太平洋和南海上形成的热带气旋按照强度（底层中心附近最大平均风速或风力）大小分为6个等级，其中风力为12级或以上的，统称为台风。

热带气旋

热带气旋 等级名称	热带低压 (TD)	热带风暴 (TS)	强
底层中心附近最大 平均风速（米/秒）	10.8～17.1	17.2～24.4	24.
底层中心附近 最大风力（级）	6～7	8～9	

等级划分

暴	台风 （TY）	强台风 （STY）	超强台风 （SuperTY）
.6	32.7～41.4	41.5～50.9	≥51.0
	12～13	14～15	16或以上

我的房子！

台风和飓风是一回事儿吗？

台风和飓风都属于热带气旋，只是发生地点不同，叫法不同。

台风发生地：
西北太平洋/南海（影响中国、菲律宾、日本等）

飓风发生地：
大西洋/北太平洋东部（影响美国等）

旋风发生地：
南半球热带/副热带洋面（影响澳大利亚、新西兰等）

台风是怎么形成的？

在温暖广阔的热带洋面上，在大气中一些扰动的触发下，大量潮湿温暖的空气开始上升，并在上升过程中逐渐冷却凝结成液态，其释放的热量进一步驱动上升气流，使云层高度不断上升，同时海面形成低压中心；来自海洋的潮湿热空气源源不断地汇入低压中心，云团的范围不断扩大，上升运动也更加剧烈。

由于受到地转偏向力的作用，汇入气流呈逆时针旋转（南半球顺时针）形成热带气旋。热带气旋不断增强就会形成不同等级的台风。

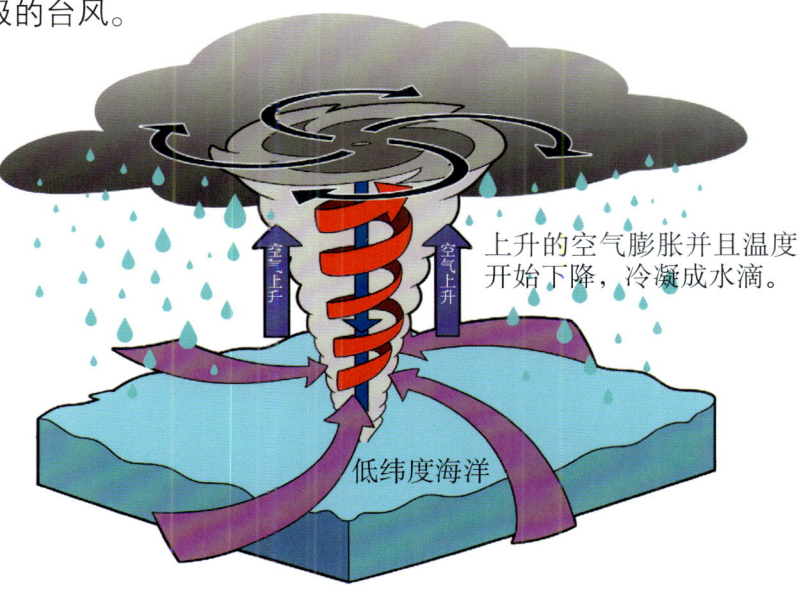

上升的空气膨胀并且温度开始下降，冷凝成水滴。

怎样监测台风？

神秘的"千里眼"：气象卫星

台风在"孕育"阶段，气象卫星就可以根据云体结构和温度等因素，判断是否会生成台风。

灵敏的"顺风耳"：天气雷达

当台风"长大"了，来到距离海岸约 460 千米时，多普勒天气雷达就开始监测它的行踪。天气雷达不仅能及时准确地确定台风中心的位置和移动方向，还可以推断台风强度的变化。

严密的"地网":气象观测站

　　海洋观测站、浮标站、船舶站等各显神通,对登陆前的台风进行严密监控。登陆后的台风则主要靠雷达结合各地气象台(站)加密观测的气象数据定位。

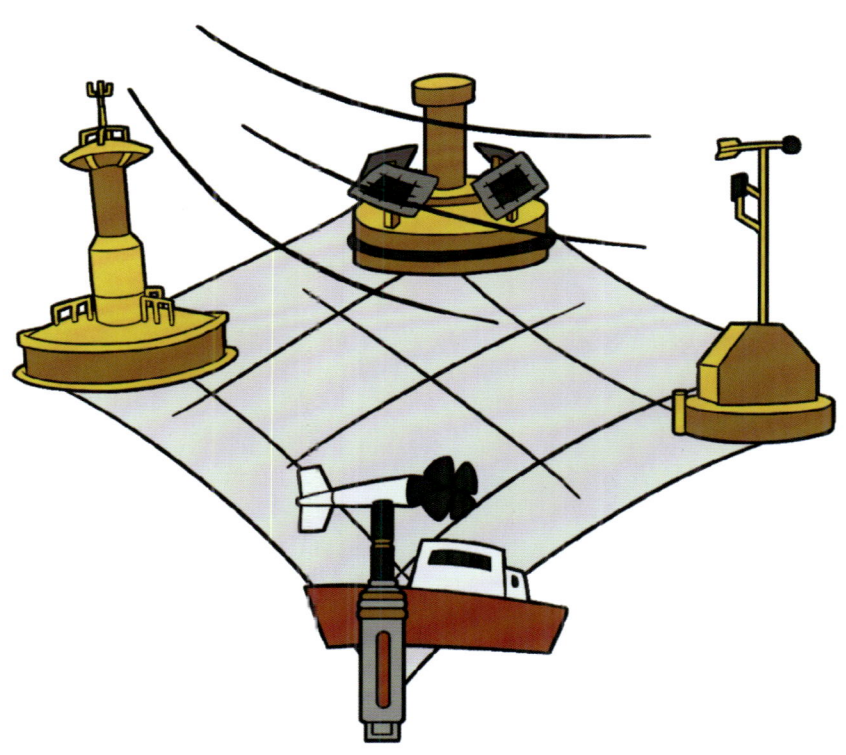

台风到底长什么样?

如果从水平方向把台风切开,可以看到明显不同的3个区域,从中心向外依次为:台风眼区、台风眼壁区、螺旋雨带区。

台风眼区由于有下沉气流,通常是云淡风轻的好天气。

台风眼壁又叫云墙,它由大量潮湿空气上升形成的积雨云组成,就像一堵高耸的环形墙壁环绕着台风眼。云墙下经常出现狂风暴雨,这是台风内天气最恶劣的区域。

螺旋雨带区在台风的最外围,它的大小决定了整个台风的大小,一般宽度在几十甚至上百千米。螺旋雨带里也是狂风暴雨,而带与带之间存在狭窄的无云带,该区域有下沉气流,天气较为平静。

台风是如何抵达我国的？

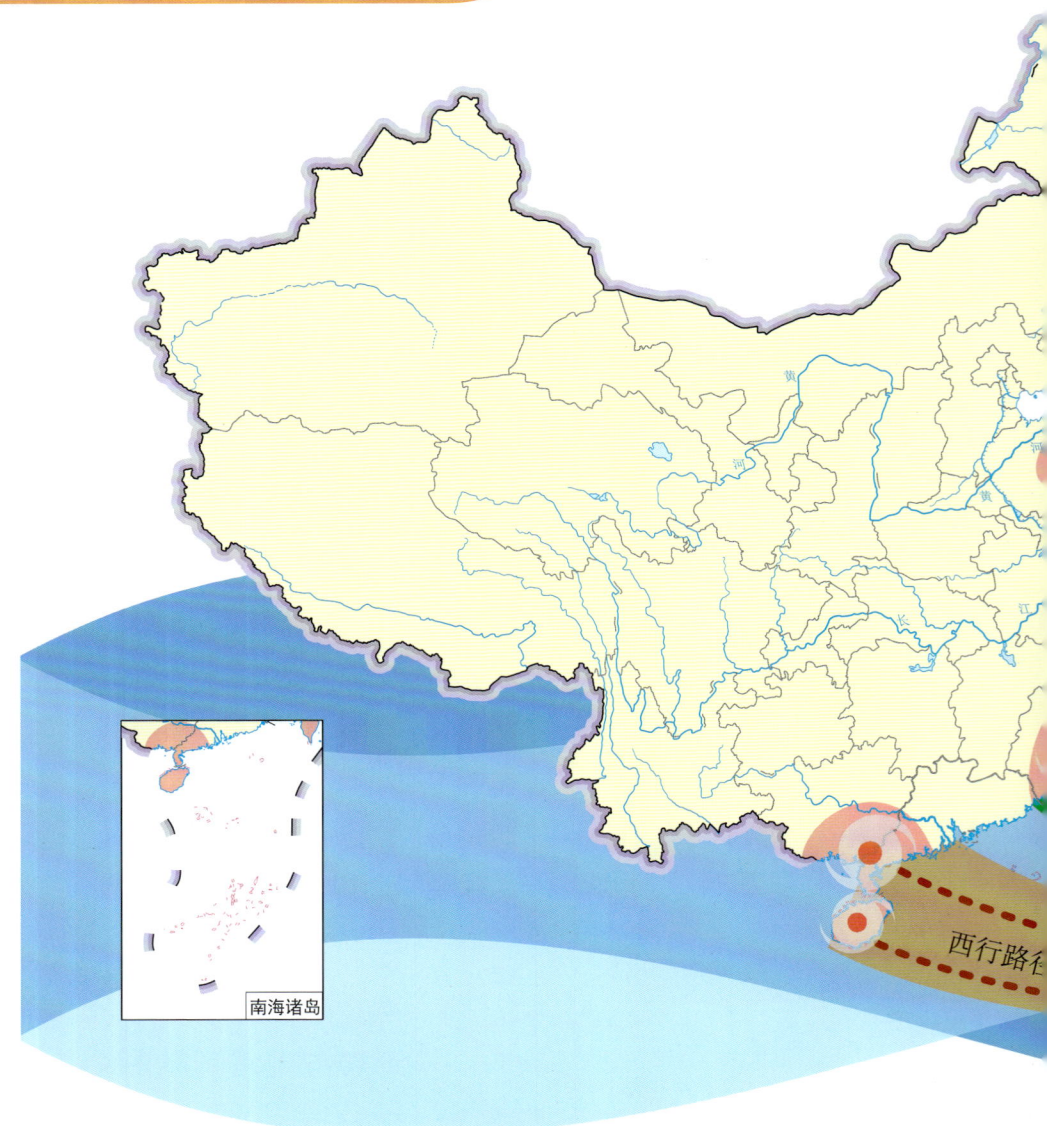

西行路径：如果热带气旋从它的"出生地"一直向偏西方向移动，往往会在广东、广西、海南一带登陆。

转向路径：热带气旋从它的"出生地"向西北方向移动，当靠近我国东部近海时，又转向东北方向移动，有可能在山东、辽宁一带登陆。

西北路径：如果热带气旋在菲律宾以东洋面上"出生"，然后一直向西北方向移动，那么大多在台湾、福建、浙江一带登陆。

哇，这就是台风主要的三条路径。

什么是台风登陆点？

台风是围绕一个中心点旋转的旋涡，当这个中心点的移动轨迹与海岸线相交的时候，台风就登陆了，这个中心点和海岸线的交点就是登陆点。

在台风登陆前，外围云系就已经影响到沿海地区，带来狂风暴雨，而台风中心是一片相对平静的区域。台风登陆的瞬间，登陆点天气会变好，但这只是暂时的安宁，随后紧跟的暴风雨又会打破这宁静的画面。

谁给台风起的名字？

由14个成员（柬埔寨、中国、朝鲜、中国香港、日本、老挝、中国澳门、马来西亚、密克罗尼西亚、菲律宾、韩国、泰国、美国以及越南）组成的世界气象组织台风委员会，是给台风起名字的"家长"。委员会事先制定一个命名表，由每个成员各提出10个名字，一共140个名字，从2000年1月1日起开始，按顺序年复一年地循环使用。

台风的命名也是有讲究的。因为期待台风带来的伤害能小些,所以名字基本都比较"温柔",而且规定一旦某个台风造成了特别大的经济损失或人员伤亡,那么它的名字就会永远属于这个"坏"台风,并从命名表中删除;此外,也会因名称本身某些因素而被从命名表中删除。那样该名称的原提供成员将再提供一个新的名字加入命名表。

全球哪里台风最多？

台风主要发

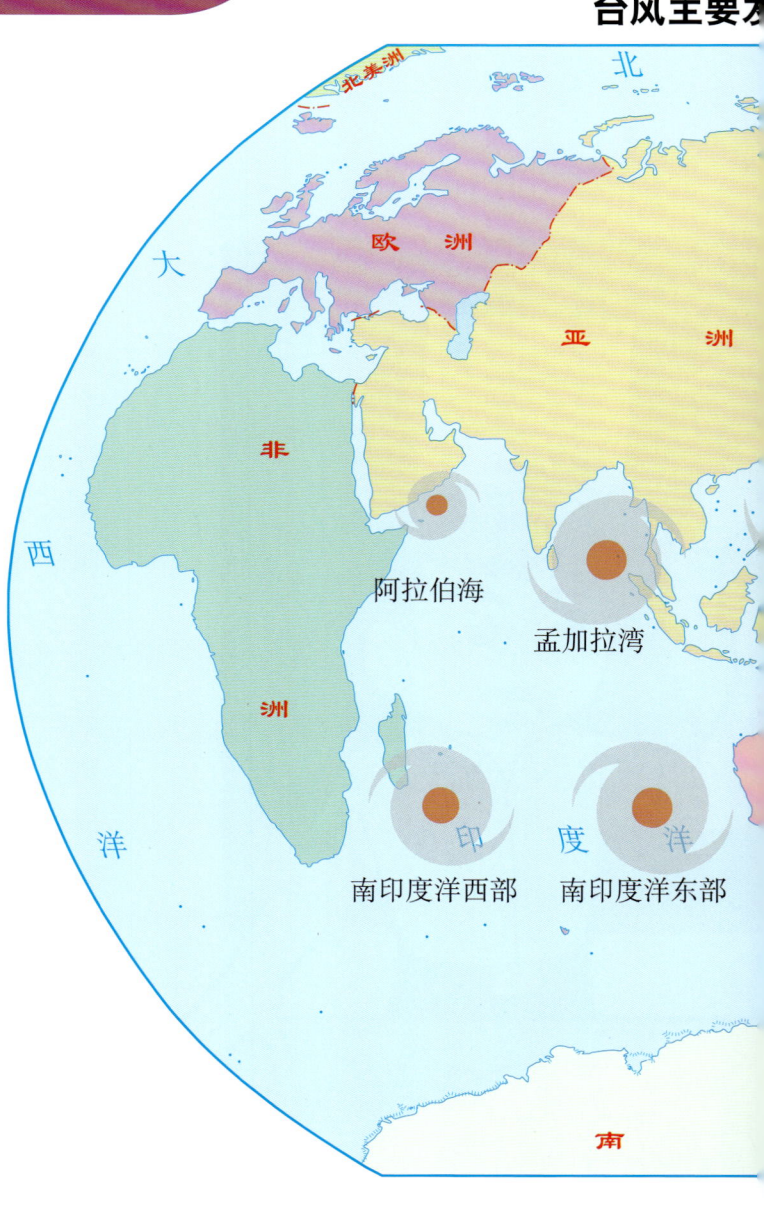

台风大多发生在南北纬5°～20°的海面温度较高的洋面上。

热带气旋影响50多个国家与地区，其中北半球占总数的73%，南半球仅占27%。每年全球热带洋面上发生的底层中心风力达8级以上的热带气旋平均有83个。

生的8个海域

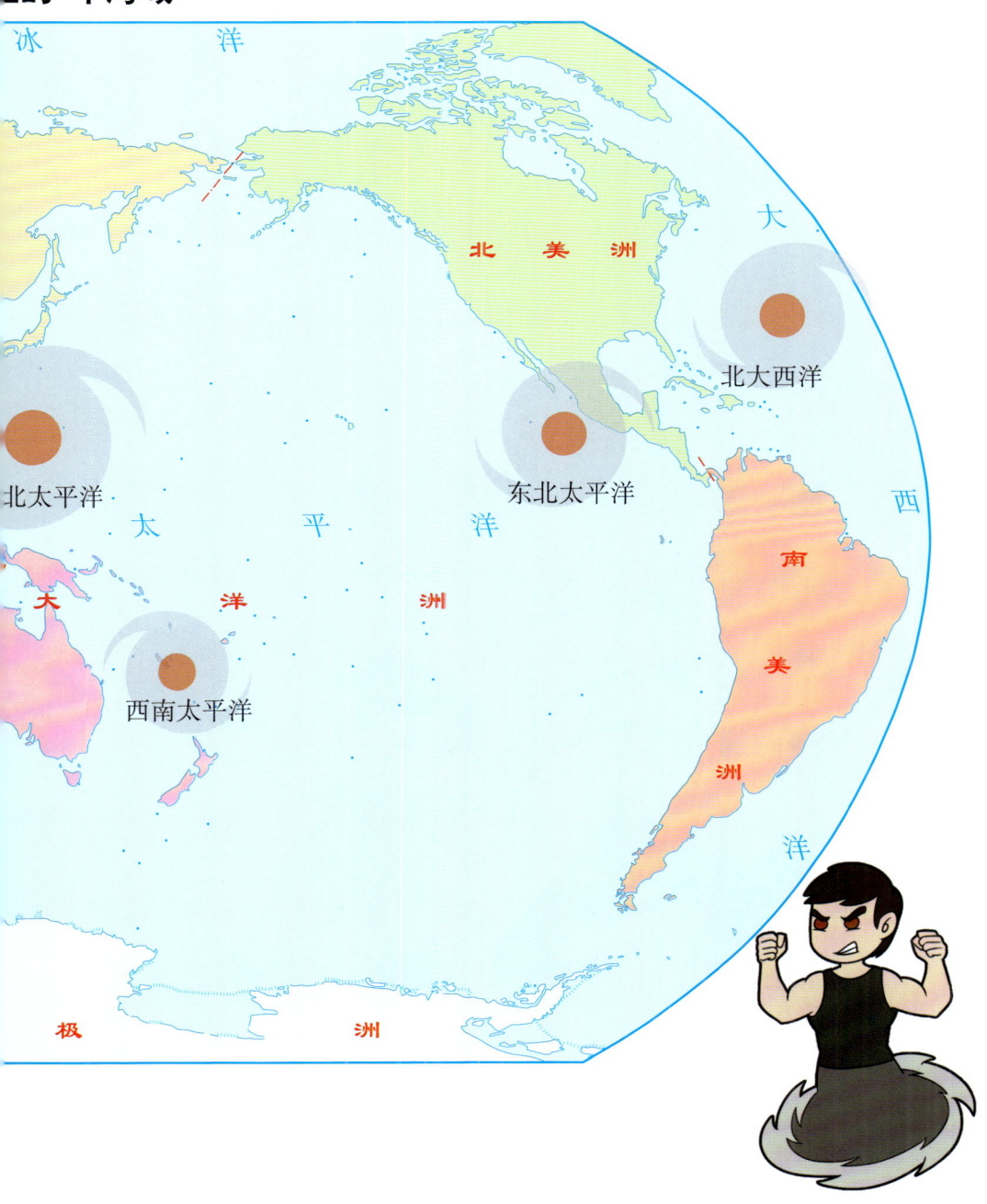

台风的危害有哪些？

台风移近海岸线时，伴随而来的是狂风大作和大雨倾盆。

台风靠近海岸线时，会引发风暴潮。沿海水位暴涨，狂风巨浪以排山倒海之势猛扑海岸，甚至冲毁或漫过海堤、江堤，酿成巨大灾害。

台风会引起海面的异常升高。

10级以上的大风区域可达上百千米。

台风能带来非常强的降水。台风降雨中心一天的降水量可相当于特大暴雨，甚至比特大暴雨还要猛。台风登陆后，会在陆地上继续"行走"一天至数天。因此，台风暴雨造成的洪涝灾害波及范围广，来势凶猛，破坏性极大。

达到什么标准会发布台风预警?

台风蓝色预警信号

24小时内可能或者已经受热带气旋影响,沿海或者陆地平均风力达6级以上,或者阵风8级以上并可能持续。

台风黄色预警信号

24小时内可能或者已经受热带气旋影响,沿海或者陆地平均风力达8级以上,或者阵风10级以上并可能持续。

台风橙色预警信号

　　12小时内可能或者已经受热带气旋影响,沿海或者陆地平均风力达10级以上,或者阵风12级以上并可能持续。

台风红色预警信号

　　6小时内可能或者已经受热带气旋影响,沿海或者陆地平均风力达12级以上,或者阵风达14级以上并可能持续。

我的房子。

死亡收割。

台风天如何防护？

尽量不要外出。

若处在室外，千万不要在临时建筑物、广告牌、铁塔、大树等附近避风避雨。

开车的话，应立即将车开到地下停车场或隐蔽处。

房屋里应该提前在窗户玻璃上用胶布贴成"米"字图形，以防玻璃破碎。

呼呼呼，总算贴好了。

台风过境会伴随雷电，要提前做好防雷措施。

注意环境卫生。

台风过后需要注意环境卫生，尤其注意食物、水的安全，避免生病。

快找地方避避风。

如果住在帐篷里，台风快来的时候应该立刻收起帐篷，到坚固结实的房屋中避风。

台风来了，要快点上岸。

若在水域中游泳、划船等，则应立即上岸避风避雨。

台风有哪些好处？

台风虽然疯狂，但是也有优点：

翻江倒海的台风，把江河湖海里的营养物质翻卷上来。台风过后，鱼群看到食物当然不会放过，游到水面"就餐"，这时渔民捕鱼产量将提高很多倍。

台风能引起能量输送,促进地球保持热平衡,防止地球上热的地区越来越热,冷的地区越来越冷。

台风带来的大量降水,给环境提供了丰富的水资源,可缓解旱情。